U0309025

图书在版编目（CIP）数据

猪的学问 / (英) 黛西·伯德著 ; (意) 卡米拉·平

托纳托绘 ; 王雪纯译. -- 贵阳 : 贵州教育出版社,

2024. 8. -- ISBN 978-7-5456-1703-0

Ⅰ. Q959.842-49

中国国家版本馆CIP数据核字第2024UL7553号

Text copyright © 2021 by Daisy Bird

Illustrations copyright © 2021 by Camilla Pintonato

Originally published in 2021 by Princeton Architectural Press, Hudson, New York, USA

Published by arrangement with Debbie Bibo Agency and Niu Niu Culture

本书中文简体版权归属于银杏树下（北京）图书有限责任公司

著作权合同登记号　图字：22-2024-047

ZHU DE XUEWEN

猪的学问

[英] 黛西·伯德 著　　[意] 卡米拉·平托纳托 绘

王雪纯 译

出版统筹：吴兴元	选题策划：北京浪花朵朵文化传播有限公司
责任编辑：曹 梅 毛瑞霆	特约编辑：胡晟男
封面设计：墨白空间·闫献龙	

出版发行：贵州教育出版社

地　　址：贵州省贵阳市观山湖区会展东路 SOHO 区 A 座

印　　刷：北京盛通印刷股份有限公司

版　　次：2024 年 8 月第 1 版

印　　次：2024 年 8 月第 1 次印刷

开　　本：889 毫米 × 1194 毫米　1/16

印　　张：5

字　　数：100 千字

书　　号：ISBN 978-7-5456-1703-0

定　　价：78.00 元

后浪出版咨询（北京）有限责任公司　版权所有，侵权必究

投诉信箱：editor@hinabook.com　fawu@hinabook.com

未经许可，不得以任何方式复制或者抄袭本书部分或全部内容

本书若有印、装质量问题，请与本公司联系调换，电话 010-64072833

浪花朵朵

［英］黛西·伯德 著

［意］卡米拉·平托纳托 绘

王雪纯 译

PIGOLOGY

猪的学问

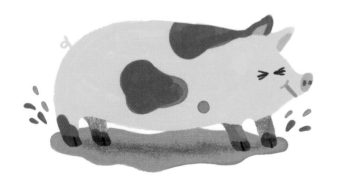

贵州出版集团
贵州教育出版社
·贵阳·

目录

探索猪的世界

猪的里里外外

祝你胃口好！

猪与人

形形色色的猪

致谢

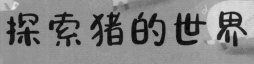

探索猪的世界

猪的星球

地球上大约有 10 亿头家猪，这个数量差不多相当于美国、俄罗斯、日本、埃及、德国、英国、西班牙、阿根廷、澳大利亚、捷克和希腊的人口数量的总和。

历史上，在很多地区的文化中，猪都象征着繁荣和安定。汉字"家"为"屋"（宀）内有"猪"（豕）。千百年来，人们一直都在探索猪的圈养和繁殖方法。很多地区都有和猪有关的神话和风俗。时至今日，我们的日常对话中依然不时会出现关于猪的典故。

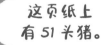

这页纸上有 51 头猪。

人怕出名猪怕壮

我们每年都要吃掉约 110000000 吨猪肉。别数错啦，是一亿一千万吨，大约是 300 座美国的帝国大厦那么重。所以说，猪对我们太重要了！

奶牛为我们提供牛奶，绵羊为我们提供羊毛，母鸡为我们提供鸡蛋。无论是牛奶，还是羊毛、鸡蛋，都是动物的副产品。可是我们之所以要养猪，只有一个原因，那就是我们要吃它们的肉，因此我们还需要养更多的猪。这也让猪区别于其他种类的牲畜。这也意味着我们对猪存在着相当矛盾的感情。我们喜欢猪，发现猪比较好养，也容易被了解；但同时我们也知道，它们迟早会变成火腿、香肠、猪排，或很多其他美味的食物。目前，猪肉是全球最广泛被食用的肉类之一。

1. 热狗
2. 带骨猪排
3. 烤肉
4. 意式萨拉米肠
5. 五花熏肉
6. 意式摩泰台拉肉肠
7. 生火腿
8. 香肠
9. 熟火腿

悠久的历史

很久很久以前（具体来说是约 3800 万 ~ 1900 万年前），在北美和亚欧大陆上生活着一种叫作完齿兽（*Enteldont*）的动物。完齿兽十分丑陋，长着长长的鼻子以及坚硬有力的牙齿。它们的腿很细，体形很大，看上去很笨重。有些完齿兽甚至能长到 2.1 米高。它们看上去有点儿像现在的野猪，因长相特别可怕，曾被戏称为"地狱猪"或"终结者猪"。和现在的猪一样，完齿兽也是杂食动物。有研究表明，完齿兽有可能是猪的祖先。

古老的谜团

　　大约 1900 万年前，在中亚的沼泽地中生活着一种叫作猪兽（*Hyotherium*）的动物。人们发现，猪兽和完齿兽一样，也是杂食动物，不过猪兽的体形更小。总的来说，猪兽就是谜一样的存在。目前只在葡萄牙和巴基斯坦等国家的几个遗址中发现过它们少量的牙齿、头骨和下颌的化石。有证据表明，它们也有可能是猪的祖先之一。

都是一家人

　　从分类上来讲，猪被归类为偶蹄目动物（脚趾数量多为偶数的动物），也就是说它们与绵羊、山羊、鹿、羚羊、牛，还有骆驼和长颈鹿等是亲戚。有一种说法是，猪的直系祖先很可能是猪兽，猪兽在大约260万年前进化成第一代野猪。不过也有科学家认为，猪兽可能和完齿兽有亲缘关系，或者从某种程度上讲，猪兽可能是完齿兽的后代。而完齿兽与河马、鲸鱼和海豚是近亲，这些动物都是从陆生动物进化而来的。所以我们是不是可以推断，猪和河马、鲸鱼等也有亲缘关系？

长颈鹿

猪

骆驼

绵羊

来击个掌吧!

　　猪、骆驼、河马、长颈鹿、绵羊、羚羊和野牛等,它们是有亲缘关系的。它们都是偶蹄目动物,脚趾数量大多是偶数,比如长颈鹿和骆驼有 2 个脚趾,猪和河马有 4 个脚趾。而奇蹄目动物是脚趾数量大多为奇数的动物,比如马只有 1 个脚趾。

　　猪和其他偶蹄目动物之间的亲缘关系还有其他线索可循,例如,猪和河马的牙齿有相同的嵴结构。现在,我们可以通过 DNA 来研究它们之间的联系,进而确定哪些动物是有关系的,以及它们有着怎样的关系。

野牛

河马

马

羚羊

野生猪

　　世界上大约有十几种野生猪。例如，在非洲，有假面野猪、红河野猪、大林猪和几种疣猪；在亚欧大陆，有姬猪和欧亚野猪，欧亚野猪就是今天所有家猪的祖先；而在中美洲和南美洲，有 3 种不同的新大陆猪，它们都属于西貒科。甚至在太平洋的岛屿上也有猪，那里共有 6 种猪，其中包括菲律宾野猪和婆罗洲须猪。

西貒科

　　喜群居，猪群里猪的数量可多达 100 头。很喜欢吃梨果仙人掌。它们的獠牙向下伸出，身上会散发出难闻的臭味。

红河野猪

　　生活在非洲东部和南部。雌性和雄性均有厚密的鬃毛，激动时鬃毛会竖起来。

婆罗洲须猪

　　鼻子周围长着漂亮的胡须，尾巴末端呈流苏状。

疣猪

雄性疣猪在交配季节会长出长长的鬃毛。疣猪现在非常稀有。

大林猪

最大的野生猪种类。雄性体重可达 275 千克，大到能把鬣狗吓跑！

尖背野猪

野生尖背野猪是逃跑的家猪与野生猪杂交繁殖的后代。据统计，仅在美国就有 600 万头尖背野猪。它们的破坏力极强，每年都会造成数十亿美元的损失。

我们不一样

　　曾经，所有的家猪看起来都和野猪差不多，它们的行为也很相似。后来，人们不断选择更温顺、更容易饲养的个体进行繁殖。到了今天，野猪和家猪的差异一眼就能看出来。

野猪的身上覆盖着厚厚的毛发，毛发颜色通常较深。雄性脊背上有明显的竖起的硬毛。

野猪的尾巴更长、更直。

野猪的体重大部分集中在头部和肩部，头骨较窄，呈楔形。

野猪有 19 块胸腰椎骨，家猪通常有 21 ～ 23 块。

家猪的鬃毛较少，身体的颜色更为多样。

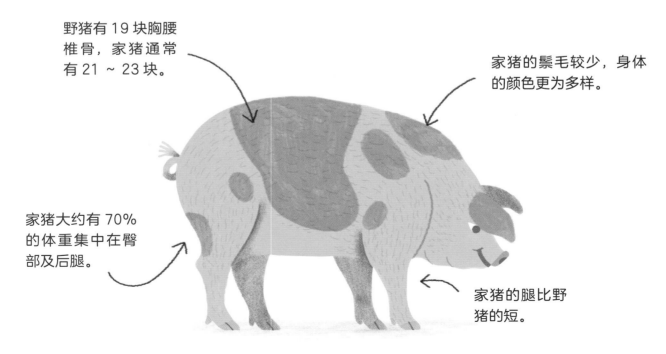

家猪大约有 70% 的体重集中在臀部及后腿。

家猪的腿比野猪的短。

生来狂野

　　家猪如果逃到野外去，只需要经历几代的繁衍，就会越来越像野猪。科学家认为，这也许能够证明，人们开始选育并驯化猪之后，在很长一段时间内，这些猪仍然和野猪进行着杂交，并持续了好几百年。所以，那些在猪圈里高兴地乱翻、等待被挠背的家猪里，很可能还存在着一头凶猛、狡猾、诡计多端且极具野性的猪，等待着重新崛起的机会！

一切从这里开始

大约 9000 年前，在安纳托利亚一带，野猪被驯化成了最早的家猪。大约在同一时期，中国人的祖先也驯化出了家猪。实际上，猪可能是人类驯化的第一批家畜。

全面的饮食

猪和人类一样是杂食动物。也就是说，它们几乎什么都吃。猪一整天都在愉快地找东西吃，比如植物的根、叶、花朵，坚果和水果，偶尔还会掺杂一些甲虫或者蛋。人们把猪驯化后，很快就发现，它们会通过吃的方式来帮助我们清理垃圾。

精打细算，细水长流

猪几乎什么都吃，也因此成了清理家庭垃圾的好帮手。此外，它们还为我们提供了美味的猪肉！在欧洲、亚洲东部和南北美洲等地的许多文化中，猪是十分宝贵的；而在中东、印度等地的一些文化中，因为猪几乎什么都吃，就连死掉的动物也吃，甚至还会吞咽人类的粪便，所以生活在这些地方的人觉得猪肉并不适合食用。

挠挠挠

对今天的我们来说，循环利用粪便似乎没什么吸引力。但其实兔子、豚鼠和考拉等很多动物都会吃自己的粪便，以便最大程度摄取食物中的营养。

饲养猪既简单又便捷，在中国和亚洲其他部分地区以及欧洲绝大多数地区，猪迅速成为人们生活中必不可少的一部分。

猪的里里外外

出生与长大

被选中用于繁殖下一代的母猪，小时候被称为"后备母猪"。有些早熟品种的后备母猪在 3 个月大时就发育成熟了，不过通常情况下长到 5 ~ 6 个月之后才会开始交配。公猪则会在 6 个月大时发育成熟。

母猪每 18 ~ 24 天就会进入发情期，做好交配的准备。专门用于繁殖仔猪的母猪被称为"种母猪"。

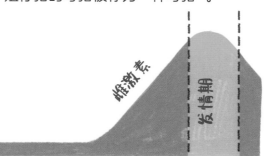

母猪会通过与公猪鼻子对鼻子，接触到公猪唾液中的信息素 ——一种化学物质，这有助于提高配种成功的概率。

我喜欢你的味道！

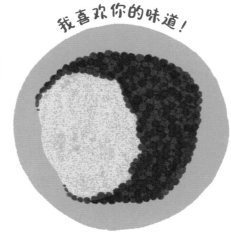

公猪的唾液中含有一种麝香味非常强烈的化学物质 ——雄烯酮。母猪对这种味道非常敏感。在植物世界里，松露的味道闻起来就像雄烯酮，因此母猪常被用于寻找松露！

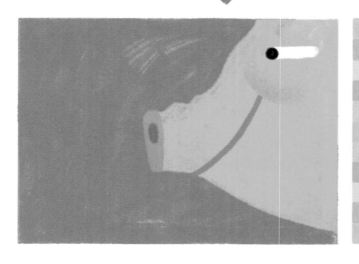

猪天生就会非常直接地告诉彼此，它们准备好要交配了。母猪常常会站得非常僵直，也可能会把尾巴挪开。

母猪怀孕后大约 114 天，仔猪就出生了。一头母猪每胎约产 10 ~ 14 头仔猪。这就是农民重视猪的原因——猪多胎高产。

有趣的是，仔猪是通过产生激素来让母猪知道自己要生产了。1993 年，英国一项集约化育种*计划中，一头"570 号母猪"一胎产下了 37 头仔猪，创下最高产仔纪录。

出生后～断奶前	断奶后～4个月	4个月以上
仔猪出生 1 周后，体重就可以翻一倍。从出生后到断奶前的仔猪被称为"乳猪"。	仔猪在 4 ~ 6 周时会自然断奶，之后就被称为"断奶仔猪"。	4 个月后，它们就成了人们所说的"中猪"。

| 乳猪 | 断奶仔猪 | 中猪 |

野猪的寿命通常不超过 10 年，不过家猪或者宠物猪可以活到 20 多年。来自加拿大艾伯塔省的宠物猪欧内斯廷是世界上最长寿的猪，它于 2014 年去世，活了 23 年。

* 集约化育种是指采用先进的仪器设备和管理技术，实施高密度、高产量、高经济效益的育种方法。

吃奶的科学

母猪在生产前会细致地搭一个柔软的窝。为了保护仔猪，这个窝会搭建在远离畜群的地方。

仔猪在出生几分钟后就能吃奶了。如果条件允许，它们每小时会吃一次奶。每头仔猪都会找到专属于自己的乳头，并且每次都会回到同一个乳头吃奶。

仔猪会用鼻子推妈妈的乳头，就像小猫会蹬踩母猫的乳房一样，这样做是为了刺激乳头，让奶水流出。

咕噜

18

咕噜 咕噜 咕噜 咕噜 咕噜 咕噜

喂奶时，母猪和仔猪都会时不时地发出咕噜声。仔猪发出咕噜声的大小、用鼻子摩擦母猪乳头和吸奶的次数决定着母猪下一次的产奶量。

在野外，母猪会不厌其烦地把仔猪藏起来，直到仔猪可以跟在妈妈身后自己觅食。在一些集约化养殖场中，饲养者可能会在仔猪很小的时候就把它们从母猪身边带走。而在福利农场 *，仔猪可以和母猪待上大约 8 周。

母猪通常有 12 ~ 14 个乳头，前几个乳头的产奶量最多。如果是挨着后腿处的乳头，仔猪吃到的奶可能较少，因此它的体形会更小一些。

咕噜 咕噜 咕噜 咕噜

* 福利农场是农场的一种类型。这类农场会将饲养的动物用作食品，但更关注动物的健康和心理状态，会尽量防止在饲养和屠宰动物的过程中对它们造成不必要的伤害。

老老少少

　　猪因不同年龄和养殖用途而有许多种叫法。你也许知道猪宝宝叫作"仔猪"，可是你知道"大猪"和"老年猪"分别指的是多大年龄的猪吗？什么是"弱仔猪"？什么是"后备猪"？什么是"育肥猪"？让我们一起揭晓答案吧！

"后备猪"是指 4 个月大到初次配种前，留作繁殖用的家猪。

后备猪

"育肥猪"是指专门用于生产猪肉的家猪。

育肥猪

去势公猪

"去势公猪"是指被阉割生殖器的公猪。

种公猪

"种公猪"是指家猪中
已参加配种的公猪。

"大猪"是指 1 ～ 6 年的家
猪。"老年猪"就是 6 年以
上的家猪。

在中国古代，野猪
又被称为"彘"。

彘

大猪

"乳猪"又被称为
"哺乳仔猪"。

"种母猪"是指家猪
中已参加配种并产
仔的母猪。

种母猪

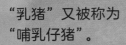

乳猪

"弱仔猪"是指一窝仔
猪里面个头儿最小或
者体质最差的猪。

弱仔猪

大大小小

姬猪

姬猪是世界上最小的猪，属于极度濒危的种类，身高20～30厘米。现存野生姬猪不超过150头，主要生活在印度阿萨姆邦。

哥廷根小型猪

哥廷根小型猪通常是为了医学研究而饲养的，但作为宠物也很受欢迎，因为它们很温顺。然而，它们完全长大后体重可达约35千克，差不多相当于一个10岁的孩子。这可不算太"小型"哦！

酷你酷你猪

酷你酷你猪被发现于新西兰。名字来自毛利语（新西兰毛利人的语言），意思是"又胖又圆的猪"。

"猪斯拉"

这是一头体重破纪录的巨型野猪，重达 360 千克，于 2004 年在美国佐治亚州被杀死。

"大比尔"

世界上最大家猪的纪录从 1933 年开始一直由"大比尔"保持。它有 1158 千克重，相当于一辆汽车的重量。

从鼻子到尾巴

鬃毛

野猪全身都覆盖着厚厚的鬃毛。鬃毛可以保护它们免受荆棘的伤害，也能帮它们伪装自己，隐藏在矮灌木中。

尾巴

猪有一条小尾巴。如果一头猪很高兴，比如你刚好挠到了它背上合适的位置，它的小尾巴就会伸展开，像狗尾巴一样摇起来。

蹄

虽然猪的每只脚（或蹄）都有四个脚趾，但只有中间的两个脚趾承受着身体大部分的重量，所以这两个脚趾必须非常强壮。想想看，要是放到人类身上，这就相当于我们整天都只用脚的第三趾和第四趾来走路。

单眼视觉

单眼视觉动物的两只眼睛是分开使用的。它们因两只眼睛分别长在头颅的两侧，左右两边的视野会更加宽广，不过也因此缺乏对深度的判断，只能感受到平面。

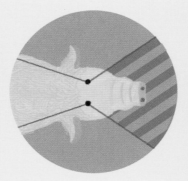

双眼视觉

我们人类是双眼视觉动物，两只眼睛的视野会在我们前方发生重叠，因此我们对深度的感知更好。这也就意味着，如果某个物体被障碍物挡住了一部分，我们人类比单眼视觉的动物能看到的部分更多。

眼睛

猪的眼睛与人类的眼睛差异较大。猪能看到的颜色比我们能看到的少，但良好的单眼视觉系统使它们一直都能够非常清楚地看到左右两边的景象。在野外，这有助于保护它们免受捕食者的伤害。

耳朵

猪的耳朵可以直立向上，也可以垂下来。它们听力很好，所以讨厌突然很响或者很高声调的噪声。它们似乎喜欢音乐。有农民说，对着猪演奏古典音乐不仅能让它们情绪更加平和，还能让它们长得更快。

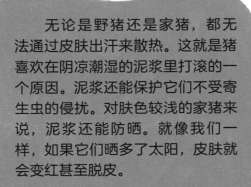

无论是野猪还是家猪，都无法通过皮肤出汗来散热。这就是猪喜欢在阴凉潮湿的泥浆里打滚的一个原因。泥浆还能保护它们不受寄生虫的侵扰。对肤色较浅的家猪来说，泥浆还能防晒。就像我们一样，如果它们晒多了太阳，皮肤就会变红甚至脱皮。

毫无疑问，猪最神奇的地方是它的鼻子……

神奇的鼻子

鼻子知道一切

猪对气味的敏感度大约是人类的 2000 倍。猪不仅可以被训练成"松露猎人"，还会被派去探测地雷和毒品。

远距离嗅觉

野猪的鼻子能够闻到 11 千米以外的气味，以及被埋在地下 7 米处的物体所散发出的气味！

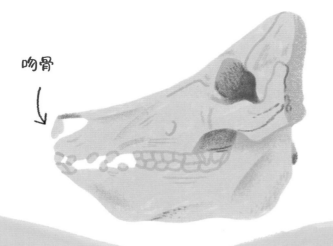

吻骨

坚挺的鼻子

鼻子对猪来说仿佛是另一双眼睛或者另一副蹄子。它们的鼻子里面有一块额外的骨头——吻骨，还有一块坚韧的圆盘状软骨，因此它们的鼻子才更有力量，可以扎进土里去。猪用鼻子拱地的时候，鼻孔会闭上，这个能力真的太有用了！

嗯，好吃！

猪舌头上的味蕾比我们的要多很多——大概是我们的 4 倍。它们使用鼻子和舌头来探查身边的一切，每天大部分时间都在很开心地拱土、闻来闻去、觅食，然后品尝找到的食物。

猪的身体内部

肠道

脊髓

脾脏

膀胱

直肠

超能力！

猪对蛇毒有抵抗力。事实上，对许多猪来说，蛇仅仅是一种美味的点心！还有更令人惊讶的发现，越南大肚猪如果得了皮肤癌，似乎能够自愈。它们的细胞会释放抗体，摧毁肿瘤，灰色的皮肤上只会留下白色的小疤痕。

肛门

一头成年猪一天能产生3千克粪便。猪粪中含有大量的甲烷、氨和硫化氢，后两种物质散发着难闻的气味，难怪人们闻到猪粪的臭味就会捂着鼻子！

胃

绵羊、山羊和奶牛需要4个胃，以便获取足够的营养。但猪的饮食更多样化，几乎什么东西都能吃，所以只需要一个胃。

膈　　　　肺脏　椎骨　　　脑

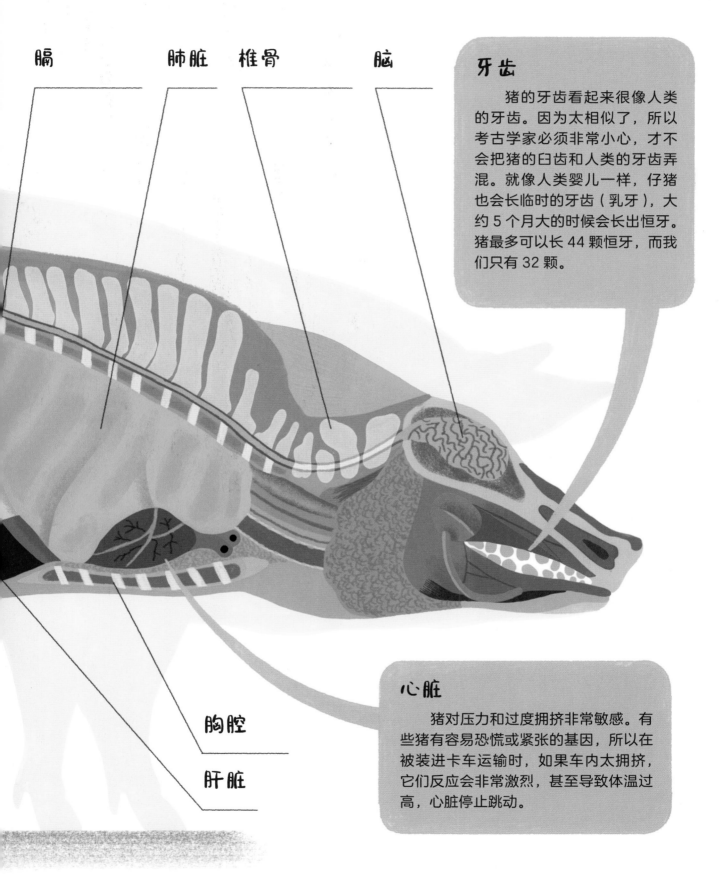

牙齿

　　猪的牙齿看起来很像人类的牙齿。因为太相似了，所以考古学家必须非常小心，才不会把猪的臼齿和人类的牙齿弄混。就像人类婴儿一样，仔猪也会长临时的牙齿（乳牙），大约 5 个月大的时候会长出恒牙。猪最多可以长 44 颗恒牙，而我们只有 32 颗。

心脏

　　猪对压力和过度拥挤非常敏感。有些猪有容易恐慌或紧张的基因，所以在被装进卡车运输时，如果车内太拥挤，它们反应会非常激烈，甚至导致体温过高，心脏停止跳动。

胸腔

肝脏

锋利的獠牙

　　野猪和家猪都长獠牙（不过家猪的獠牙常会被剪掉，或者家猪还没长出獠牙就被屠宰了），猪的獠牙相当于我们的犬齿。母猪和公猪都有獠牙，但公猪的獠牙要大得多。公猪的獠牙越长越大，上獠牙就会与下獠牙互相摩擦，獠牙因此变得锋利，成为猪最重要的武器。据说，最长的猪獠牙可达 48 厘米。

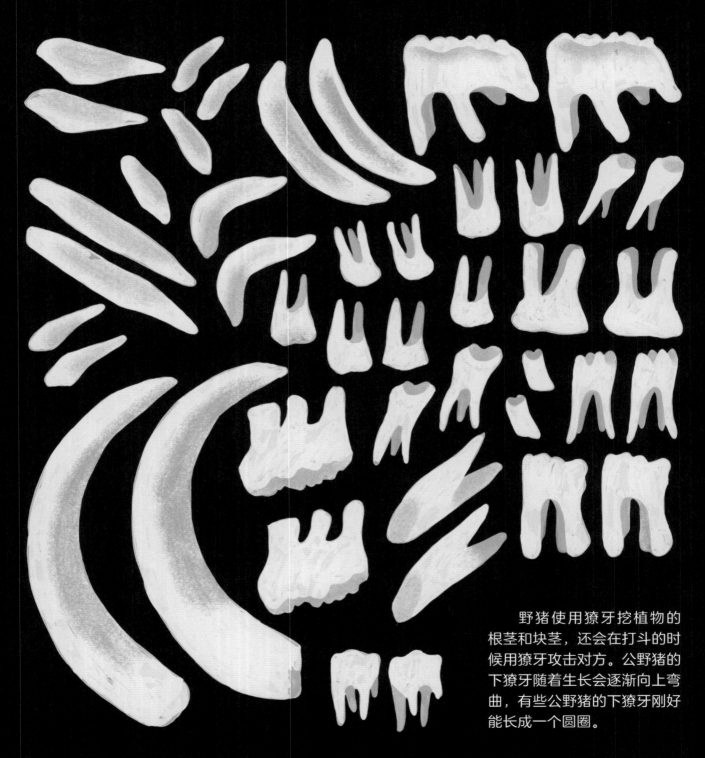

野猪使用獠牙挖植物的根茎和块茎，还会在打斗的时候用獠牙攻击对方。公野猪的下獠牙随着生长会逐渐向上弯曲，有些公野猪的下獠牙刚好能长成一个圆圈。

越大越好

　　在巴布亚新几内亚，长着圆弧形獠牙的猪被称为"獠牙猪"，它们非常珍贵。历史上有许多勇士和猎人都把野猪的獠牙佩戴在身上，作为勇敢和力量的象征。

快跑，宝贝，快跑！

你也许以为，猪肯定跑不太快，那你就大错特错了。实际上，在某些地区的集市上，经常会举办很有吸引力的小猪赛跑活动。野猪能以约每小时 50 千米的速度猛冲，比任何人都跑得快，甚至超过了"飞人"尤塞恩·博尔特的速度！如果你遇到一头野猪，明智的做法是慢慢地、平静地后退。还有最后一招：爬到树上去！

约 50 千米 / 时

约 35 千米 / 时

约 44 千米 / 时

小心！

像大多数野生动物一样，野猪宁可从我们身边逃跑也不愿和我们打斗。但如果被逼得走投无路，或者为了保护仔猪，它们就会变得非常有攻击性。此外，野猪如果落单，就更有可能攻击人类。

在一些国家，能否猎杀野猪，一直被视为是对一个人是否有勇气的考验。比如，在印度，野猪被视为非常危险的动物，人们会骑着大象猎杀野猪，就像猎杀老虎一样。野猪是狡猾的对手，它们会绕着猎人打转，从背后进攻。

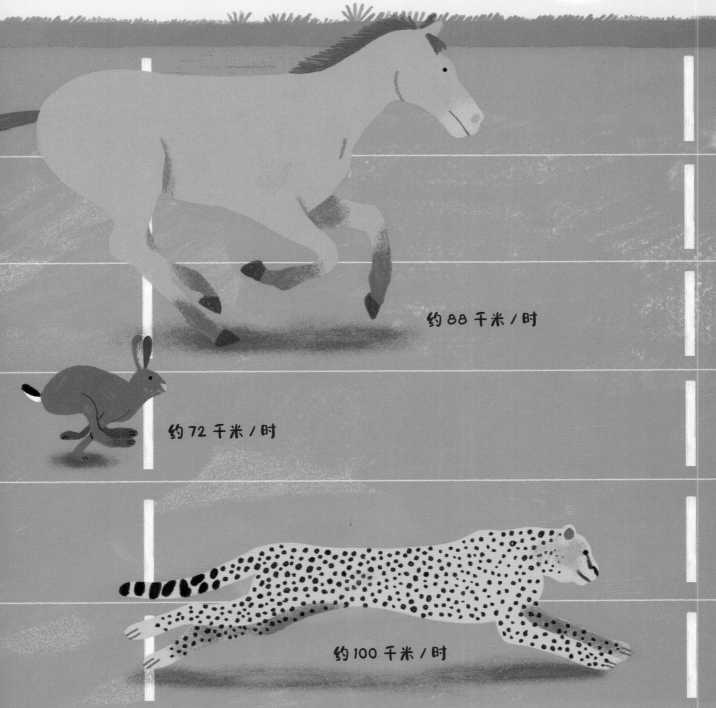

约 88 千米／时

约 72 千米／时

约 100 千米／时

猪喜欢游泳吗？

    这也许会让你感到很惊讶 —— 猪会游泳！实际上，它们还游得很好。就像很多动物一样，它们会的也是"狗刨式"游泳。提尔皮茨是一头从德国巡洋舰德累斯顿号上逃出来的猪，这艘巡洋舰在 1915 年的一场海战中被击沉。1 小时后，英国的巡洋舰格拉斯哥号上的一名水手发现这头猪在奋力地游泳。

    它获救了，并成为格拉斯哥号的吉祥物。

荒岛余生

　　今天，在巴哈马群岛的一个无人居住的小岛大沙洲（又叫"猪岛"）上，生活着一群小野猪。没有人知道这些猪是怎么来到岛上的（或许是游过去的），不过这儿已经因为它们的存在成了一个受欢迎的旅游景点。

人、猪共患病

猪会得很多和人类一样的病。它们的身体里可能会有许多人体内也有的病原体和寄生虫，包括沙门氏菌和导致钩端螺旋体病的细菌，这些细菌对猪和我们人类都有害。

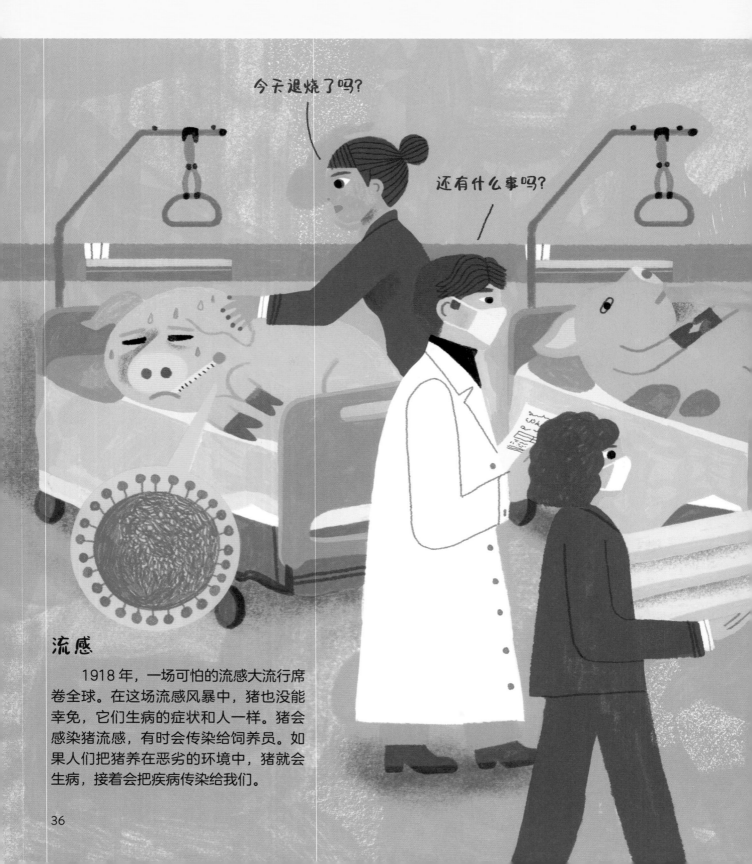

流感

1918 年，一场可怕的流感大流行席卷全球。在这场流感风暴中，猪也没能幸免，它们生病的症状和人一样。猪会感染猪流感，有时会传染给饲养员。如果人们把猪养在恶劣的环境中，猪就会生病，接着会把疾病传染给我们。

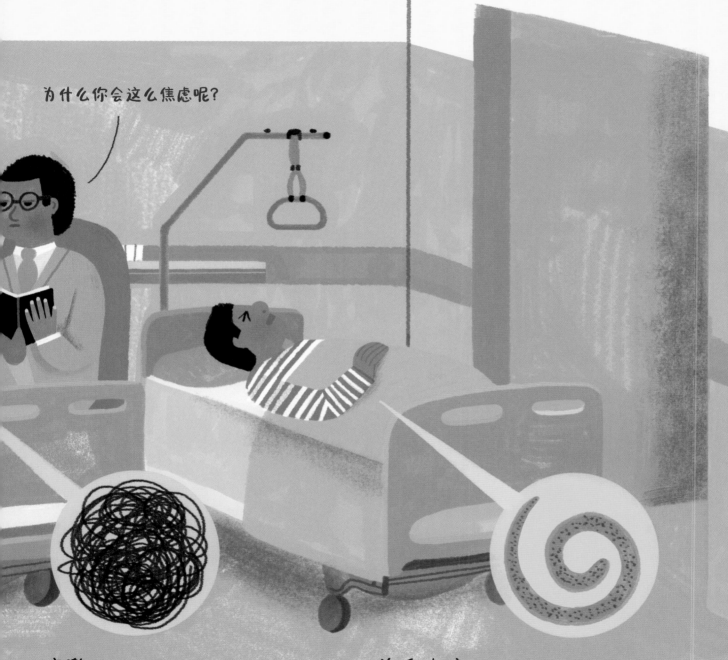

为什么你会这么焦虑呢？

应激

如果把猪养在过于拥挤的农场中，猪圈太小，猪又太多，它们甚至无法转身或躺下，猪就会变得非常焦虑和痛苦，所以要让它们拥有足够的空间。

旋毛虫病

旋毛虫是一种寄生虫，既可以寄生在猪身上，也可以寄生在我们人类身上。如果猪的生活环境不干净或食物受到污染，猪就容易感染旋毛虫病；人如果吃了没煮熟的寄生了旋毛虫的猪肉，也可能会被感染。如果被感染，我们的胃会非常难受。

猪有多聪明?

　　答案是相当聪明。如果要论聪明程度，其实猪和狗、黑猩猩、海豚或大象差不多。猪善于社交、喜欢玩耍，可以使用很多种不同的声音进行交流，这些都说明它们其实很聪明。它们会表现出"情景性"记忆，这意味着它们可以回忆过去的经历，并从中学习。

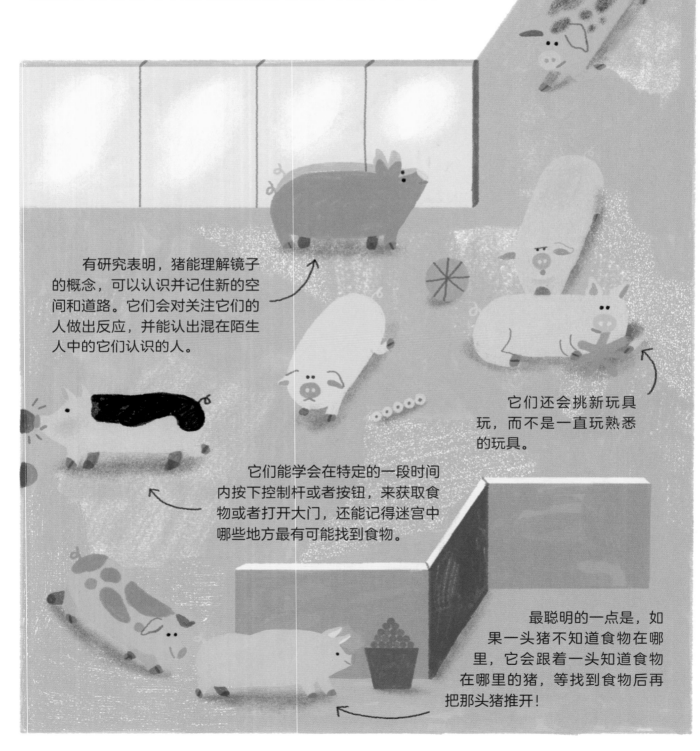

有研究表明，猪能理解镜子的概念，可以认识并记住新的空间和道路。它们会对关注它们的人做出反应，并能认出混在陌生人中的它们认识的人。

它们还会挑新玩具玩，而不是一直玩熟悉的玩具。

它们能学会在特定的一段时间内按下控制杆或者按钮，来获取食物或者打开大门，还能记得迷宫中哪些地方最有可能找到食物。

最聪明的一点是，如果一头猪不知道食物在哪里，它会跟着一头知道食物在哪里的猪，等找到食物后再把那头猪推开！

托比

博学的猪

来自皇室，春之花园

世界上唯一一位从"猪族"中走出的学者

最非凡的生物

　　18 世纪，"有学问的"猪（经过了细致和充分训练的猪）开始受到人们的关注和欢迎。到了 1817 年，一只叫托比的小猪因"博学"而风靡伦敦。在训练师尼古拉斯·霍尔（曾经是一名魔术师）一点点的帮助下，托比可以拼写、阅读、计算、报时，甚至能读懂人的想法。托比还写了"自传"。在书中，它记录了它的母亲如何进入一位有学问的绅士的书房，并在吃掉了书页后获得了非凡能力的故事，这种能力也遗传给了它。甚至有人为它写了一首诗，开头是："它的意识水平让大家极为震惊，为之惊叹，并献上赞美的掌声……"

祝你胃口好！

一年四季的食物

几个世纪以来，无论是对农民还是对贫穷的城市居民来说，后院猪圈里的家猪都是他们过冬的食物。

喂养了一整年的猪长得胖乎乎的，然后在 11 月或 12 月被屠宰。猪肉经过腌制和熏制，可以保存整个冬天。对有些人来说，圣诞节前杀的猪可能是他们来年唯一的肉食来源。

背部的肉腌制成培根。

骨头烤熟、敲碎，吃里面的骨髓。

火腿迷

维多利亚女王有一个长期的火腿订单，位于美国弗吉尼亚州史密斯菲尔德镇的生产者每周都要把 6 只火腿送到英国皇室。而 19 世纪著名的女演员莎拉·伯恩哈特在巴黎时也曾从弗吉尼亚州购买火腿。

很好吃，是不是？

是啊，真好吃！

将猪血与燕麦片和香料混合，制成"黑布丁"。

世界各地的猪肉菜肴

世界上许多地方都有关于猪的特色食谱和传统菜肴。这里只是其中一部分。

午餐肉饭团——夏威夷

英式早餐——英国

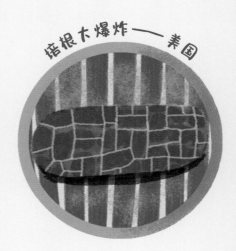

培根大爆炸——美国

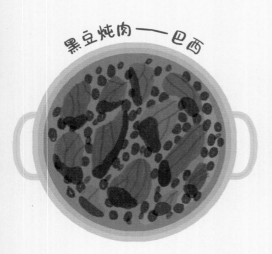

黑豆炖肉——巴西

烤猪腿——巴拉圭

烩菜——西班牙

猪蹄——法国

烤猪肘——德国
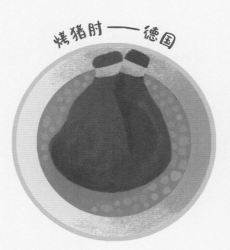

烤猪肉——乌克兰

辣椒炖肉——匈牙利

炸猪排——日本
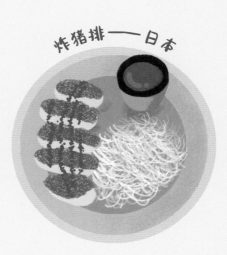

花生炖猪肉——南非
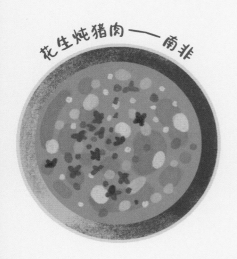

猪血菜——泰国

肉松——中国
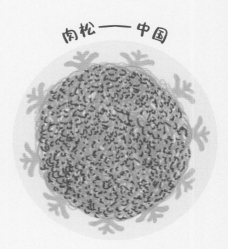

各种口味的香肠

    猪身上的每一个部位都能得到很好的利用。就连肠子，也能用来做香肠肠衣。猪肉与香料和其他调味品混合，可以制成香肠。英文"香肠（sausage）"这个词来自拉丁语"salsicus"，意思是"用盐调味"。

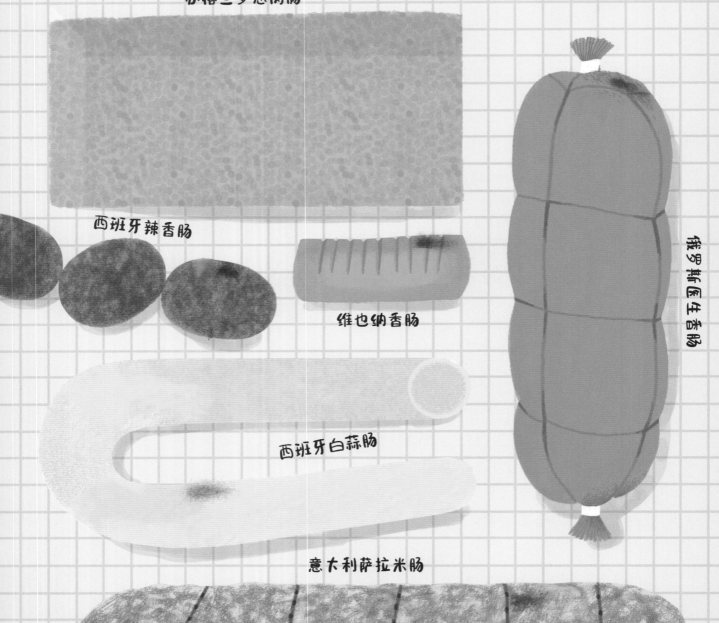

苏格兰罗思肉肠

西班牙辣香肠

维也纳香肠

俄罗斯医生香肠

西班牙白蒜肠

意大利萨拉米肠

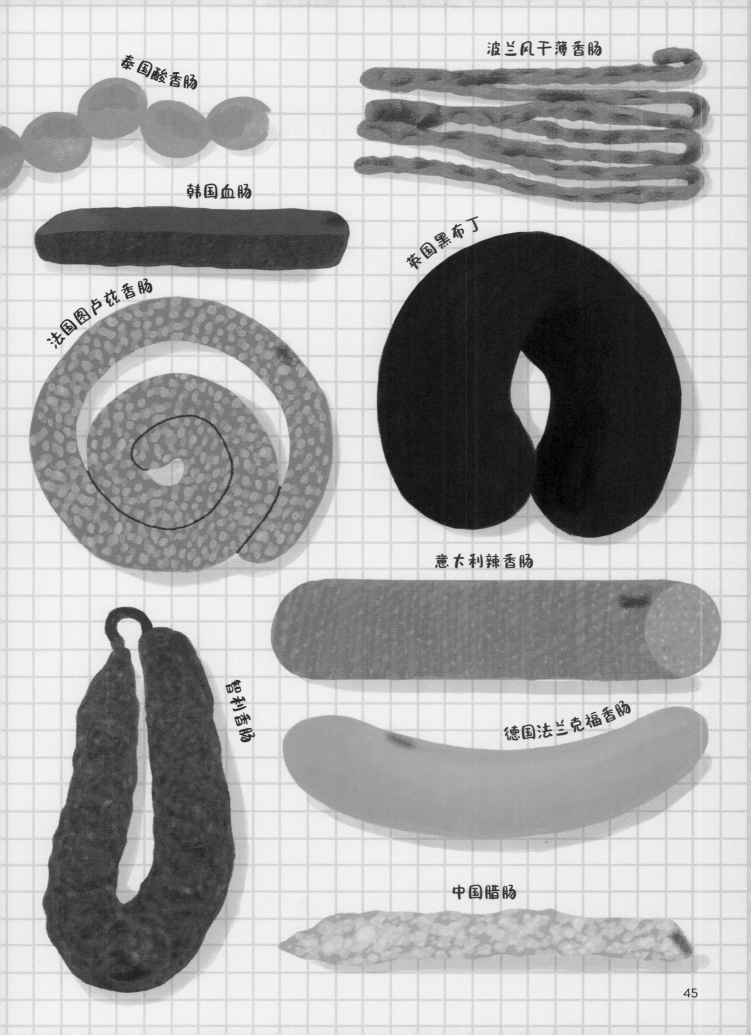

泰国酸香肠

波兰风干薄香肠

韩国血肠

法国图卢兹香肠

英国黑布丁

意大利辣香肠

智利香肠

德国法兰克福香肠

中国腊肠

45

全身都是宝

有一句老话是，猪的全身都是宝。直到今天依然如此。猪的用途多到惊人。

刷子

猪鬃特别耐磨，制成刷子可以供艺术家画画时使用，也可用来粉刷墙壁或擦鞋。

骨瓷工艺品

磨碎的猪骨可以制成多孔混凝土。猪骨粉也是油漆和骨瓷的辅料之一。

皮革

猪皮可以被鞣制成皮革。而整形外科医生会使用猪皮制成的敷料来帮助治疗烧伤。

美式足球

猪膀胱充气后曾被当作美式足球使用。这就是为什么美式足球现在仍然会被称为"猪皮（pigskin）"。

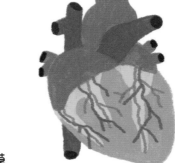

心脏瓣膜

猪心脏瓣膜的工作原理和我们人类的一样，所以猪的心脏瓣膜经常被用于人类的心脏手术中。

明胶

明胶是我们从猪身上得到的最重要的工业产品。明胶由胶原蛋白制成，胶原蛋白是一种所有动物结缔组织中都存在的蛋白质。猪体内富含胶原蛋白，为制作明胶提供了大量的原材料。明胶会以干燥的粉末形态被储存起来，不过一旦加入液体就会变成无色无味的黏性凝胶。全世界每年大约要消耗 40 万吨明胶。

牙膏

明胶可以让牙膏足够柔软，容易挤出来。

奶酪蛋糕

奶酪蛋糕和其他的冷甜点中有明胶，人造黄油和其他一些酱料中也有明胶。

棉花糖

松软而有弹性的棉花糖里也有明胶。

维生素

维生素外面的胶囊通常也是用明胶制成的。

胶片

涂胶片的感光乳剂也是用明胶制成的。

砂纸

把火柴头固定在火柴上以及把砂粒粘在砂纸上的胶水里也有明胶。

猪与人

神话中的猪

　　猪不仅是我们生活的重要组成部分，在我们的文化中也扮演着重要角色。世界各地有许多关于猪的神话和寓言。有时它们象征着人类的行为，有时它们代表着人类英雄检验自己实力的机会。

希腊女巫

　　在《奥德赛》中，奥德修斯派遣船员拜访女巫喀耳刻。喀耳刻邀请船员们共进晚餐，并提供了一顿魔法盛宴。船员们吃了大餐之后就变成了猪。也许是因为喀耳刻不喜欢他们的餐桌礼仪。

小心我的肌肉！

世界上最强壮的大力神赫拉克勒斯被派去活捉希腊厄律曼托斯山上一头巨大的野猪，这是他的"十二大功绩"中的第四项。这头野猪不仅非常高大，还非常强壮，赫拉克勒斯不得不在厄律曼托斯山上追了一圈又一圈才抓住它。

"黄金鬃毛"维京猪

在挪威神话中，弗雷尔和他的妹妹弗雷亚都拥有野猪，这象征着他们对世间万物的权力。弗雷尔的野猪长着金色的鬃毛，在黑暗中闪闪发光。而弗雷亚则可以骑着属于她的那头野猪去战斗，就像骑着一匹马一样。

就连亚瑟王都有一头猪！

传说，亚瑟王帮助他的表亲库尔威奇捕获了全威尔士最大最凶猛的野猪，他们用野猪的獠牙当剃刀，可想而知这些獠牙有多么锋利！

中国生肖

中国的十二生肖对应着十二个不同的动物，猪是第十二个。关于生肖的排序，还有一个传说，据说是因为玉皇大帝邀请所有动物去吃一顿大餐，结果猪睡过头了，是最后一个到的！猪在中国的文化里象征着财富和福气。

生肖

　　中国的十二生肖按顺序循环，十二年为一个周期。最近的一个猪年是 2019 年，再上一个是 2007 年。据说，猪年出生的人通常都精力充沛、热情奔放。

关于猪的智慧

　　无论猪被养在哪里，人们都会编一些关于猪的俗语和谚语。比如，在法国，如果你说某个人是"猪头"，就是说他很固执。在意大利，如果你说某个人"是个萨拉米肠"，就是说他笨手笨脚，全身跟打了结似的，就像萨拉米肠一样。

豚もおだてりゃ木に登る
（日语）

"猪也会爬树"，20 世纪 70 年代的一部动画片《时间飞船》让这个短语风靡日本。它的意思是，赞美可以让任何人做到任何事。

PIGS MIGHT FLY!
（英语）

如果某件事情很难实现，就可以说："Pigs might fly-if they only had wings!（只要有翅膀，猪都能飞！）"

ZNAĆ SIĘ JAK ŚWINIA
NA GWIAZDACH
（波兰语）

"像猪了解星星一样了解某件事"，换句话说就是什么也不知道。

LAVAR CERDOS CON JABÓN
ES PERDER TIEMPO Y JABÓN
（西班牙语）

"用肥皂洗猪，既浪费时间，又浪费肥皂。"

SWEATING LIKE A PIG
（美式英语）

"像猪一样流汗"，可是猪并不出汗啊！这个俗语的意思其实是"汗流浃背"，源自冶炼生铁。在英语中，"生铁"是"pig iron"。热铁冷却时，水蒸气会在表面凝结，就像流汗一样。

DU HAST SCHWEIN GEHABT!
（德语）

"你真够走运的！"直译为"你有一头猪！"当有人或多或少因为意外而躲过了一件麻烦事时，你就可以说这个短语。

Гусь свинье
не товарищ
（俄语）

"鹅不是猪的朋友"，换句话说，地位、出身等条件不匹配的人无法共事。

돼지꿈 꿔!
（韩语）

"梦见猪！"如果你梦见一头猪，它会给你带来好运。很多人会在梦到猪之后去买彩票！

CAST PEARLS BEFORE SWINE
（英语）

直译为"把珍珠扔到猪面前"，所有努力白费了，注定得不到赏识，也有"明珠暗投"的意思。

没吃过猪肉，
还没见过猪跑？
（汉语）

你不需要亲身经历某件事，就能对这件事有自己的见解。

大名鼎鼎的猪！

如今，影视作品中也塑造了很多闻名的猪的形象。有些猪的形象最初是为了儿童的游戏和故事创作的，后来吸引了全世界男女老少的关注。有"卡通猪""摇滚明星猪""电影明星天后猪"，好猪、坏猪、童谣里的猪和恐怖故事里的猪。我们每个人都有自己最喜爱的猪！

摇滚乐队平克·弗洛伊德专辑《动物》封面上的充气猪

神奇小猪艾斯特

小猪布兰德（出自《彼得兔和他的朋友们·小猪布兰德的故事》）

猪小姐皮吉（出自《大青蛙布偶秀》）

彭彭（出自《狮子王》）

小猪皮杰（出自《小熊维尼》）

小猪胖胖（出自《海洋奇缘》）

"哈利·猪特"（出自《辛普森一家》）

54

捣蛋王猪（出自《愤怒的小鸟》）

拿破仑（出自《动物庄园》）

还有吗？

还有一些有名的宠物猪：亚伯拉罕·林肯小时候养过一头宠物猪；演员乔治·克鲁尼的越南大肚猪马克斯是他最喜欢的伙伴，陪伴了他18年。

BABE

小猪宝贝（出自《小猪宝贝》）

小猪佩奇（出自《小猪佩奇》）

麦兜（出自《麦兜故事》）

价值连城的猪

　　猪的肚子又大又肥，它们常常一副满足的样子，所以人们总是把它们和财富联系在一起，把猪当作幸福和富足的象征。猪有时会被当作货币进行流通。

　　在海地，用当地狂暴的克里奥尔猪支付婚礼费用是一种传统方式。

　　在巴布亚新几内亚的高地村庄里，用猪獠牙制作的项链被当作一种传统货币，还会作为配饰被人们佩戴。

　　在玻利维亚的农村地区，长毛黑克里奥罗猪现在仍然被当成一种货币，可以用于支付诊疗费或学费。

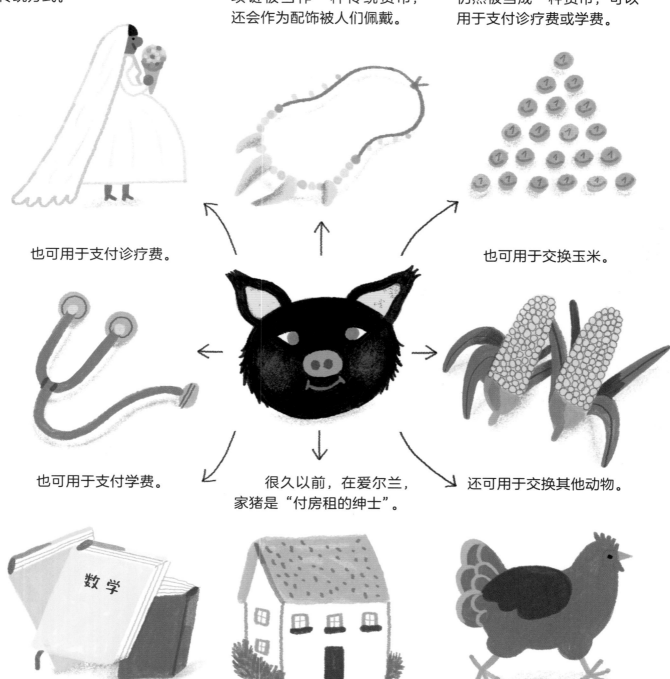

也可用于支付诊疗费。

也可用于交换玉米。

也可用于支付学费。

很久以前，在爱尔兰，家猪是"付房租的绅士"。

还可用于交换其他动物。

数 学

小猪存钱罐

为什么存钱罐大多是小猪造型的?

有一种说法是,迄今发现的最早的猪形存钱罐可以追溯到12世纪,来自爪哇岛。

欧洲已知最早的猪形存钱罐可以追溯到13世纪,由考古学家在德国图林根州发现。

猪形存钱罐上会有各种装饰图案。

据说,在中世纪的欧洲,很多日常家用物品是由橙色的皮格黏土(pygg clay)制作的,包括储存硬币的罐子。在英语中,"pygg"一词与"piggy"(小猪)读音相近。后来,存钱罐的材质不再局限于黏土,再加上语言的不断发展,存钱罐一词就变成了"piggy bank"。

完美的猪圈

一头快乐的猪首先要拥有足够的空间。有一种说法是，如果生活在猪圈里，每头猪至少得拥有 10 平方米的空间。

它们需要一个防风的棚子，里面有用大量稻草铺成的床。天热的时候，猪圈还要有防暑的功能——要么有可供冲洗的水管，要么有用来打滚散热的地方。别忘了，猪的祖先几千年来都生活在阴凉的森林或林地里。

一些植物的根茎可以作为猪的补充饲料，让它们更健康。

猪应该受到精心的照料。特别是那些长着獠牙的公猪，因为它们有较强的攻击性。正在照顾仔猪的母猪也需要精心照料。猪的饲养员要有专业和熟练的技能。

围墙要坚固，棚子也要坚固，因为猪对周围的环境很好奇，同时也很有决心和毅力。

在野外，猪更喜欢在离它们睡觉的地方几米之外处排泄，所以猪圈越大越好。

宠物猪

猪有很强的适应能力，经过训练可以养成良好的卫生习惯，能做到不在室内大小便。它们和狗一样是群居动物，所以很容易成为人类家庭的好伙伴。它们对食物一点儿都不挑剔！不过如果你决定养一头宠物猪，要牢记以下几点：

猪是喜爱社交的动物，它们如果感到孤独，就会变得抑郁。所以你应该考虑养两头猪，除非你打算花很多时间和一头猪在一起。在这种情况下，你还要考虑，如果你有事要离开，能替你照顾猪的人可比照顾猫、狗的人要少很多！

如果你把猪丢在花园里，别忘了它们的天性就是用鼻子拱土觅食，拱，拱，拱，它们会拱任何植物，花、树、草坪上的草，连你的菜地也不会放过。一直到整个花园里都没有什么可以翻找的地方了。

对猪来说，你的客厅或卧室只是另一个需要被探索、拱土，甚至啃食的环境。所以猪适合被养在室外。

大多数国家对怎样喂养宠物猪、是否可以把猪带出家门等都有非常严格的规定。这是为了保护农场的家猪免受猪流感或口蹄疫等传染病的侵袭。

形形色色的猪

丰富多样的品种

世界上的家猪目前大约有400多个不同品种，还可能有更多！如果让你画猪，你画出来的这只猪可能有着庞大的身躯、细细的腿、大大的耳朵、小小的眼睛和短短的鼻子，你可能还会把它涂成粉色。不过，除了粉色的猪，还有黑色的猪、粉黑相间的猪、条纹猪、斑点猪、姜黄色的猪、长毛猪……

铁器时代猪

比利时皮特兰猪

中白猪

塔姆沃思猪

杜洛克猪

巴克夏猪

现在，家猪品种数量的增多和多样化的趋势与不同环境下农民的不同需求有关。有些品种的猪仍然与特定地区有关，比如英国的塔姆沃思猪、法国的加斯科涅猪，它们是两个古老的品种。人们会根据不同品种的不同特点来选择饲养哪种猪。比如，在猪油成为欧洲人饮食重要组成部分的几个世纪里，曼加利察卷毛猪这样脂肪含量很高的猪一直很受欧洲人的喜爱。到了19世纪，欧洲人从亚洲引进了体形更小、生长速度更快的品种，养猪在欧洲变得更加科学。不同品种的猪身体各部分之间的比例也会有差异。近些年的新品种还有身体较长的丹麦长白猪。科学家还通过将塔姆沃思母猪和野猪杂交，逆向繁殖了一头"铁器时代猪"。

牛津黑斑点沙色猪

加斯科涅猪

曼加利察卷毛猪

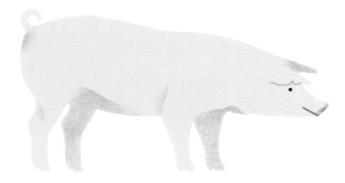

丹麦长白猪

利穆赞猪

东京X猪

越南大肚猪

原产地： 越南

颜色： 通常全身黑色，偶见粉色的蹄子
或肚子

外形： 大肚子，短鼻子，竖起的耳朵

体重： 小型的约 27 千克，大型的约 135
千克

显著特征： 饲养越南大肚猪是因为它们能适应稻
田的环境。这种猪在越南民间文化中时常受到赞
美，在西方同样也受到欢迎。到 2011 年，美国
的越南大肚猪比越南的还多。

有趣的事： 在越南，这些猪通常被养在鱼塘的猪
圈里，以水葫芦为食。它们的粪便会落到水里，
既能促进植物生长，又能喂养池塘里的鱼。

* 关于各品种的猪的体重，目前并没有官方数据，本书中呈现的是
综合各种资料中的数据后的平均体重。——编者注

奥萨博岛猪

原产地： 西班牙

颜色： 通常全身黑色，偶见斑点

外形： 成年后高约半米

体重： 母猪和公猪的重量大约都是
90 千克

显著特征： 很久以前，西班牙水手在探索北美海岸时，把猪放到他们发现的岛屿上，作为未来的食物来源。可以说奥萨博岛猪从那时起就一直生活在奥萨博岛，之后再没有其他品种的猪到岛上来。因此，它们是活生生的时间旅行者，长鼻子、多毛的奥萨博岛猪如今依然是500 年前的样子。

有趣的事： 奥萨博岛猪已经习惯了艰难的生活环境，它们的皮肤下有一层 8 厘米厚的脂肪。

丹麦抗议猪

原产地：丹麦

颜色： 和塔姆沃思猪一样是红色的，不过肩颈上有一条白色条纹

外形： 强壮、耐寒、结实，就像它的饲养者所说的"耐风雨"

体重： 公猪约 350 千克，母猪约 300 千克

显著特征：丹麦抗议猪有着非凡的故事。在 19 世纪晚期，丹麦的某些地区处于普鲁士的控制下，居住在那里的丹麦农民饲养这些猪，被认为是一种爱国行为。因为他们认为红白条纹的组合刚好是丹麦国旗的颜色。

有趣的事：最初的品种在 20 世纪 60 年代已经灭绝了，但在 1984 年被细心地重新培育出来。

梅山猪

原产地： 中国

颜色： 灰黑色，蹄色浅

外形： 身体肥硕，耳朵耷拉着，面部布满皱纹

体重： 公猪约 190 千克，母猪约 170 千克

显著特征： 最有特点的就是它们的面部。成年梅山猪面部皱纹很深，深到遮挡住了眼睛，以至于眼睛根本看不见外面。不过这对梅山猪来说不是问题，因为它们的嗅觉很灵敏。梅山猪很温顺，甚至到了懒惰的地步，除非真的有必要，否则它们会一动也不动！

有趣的事： 梅山猪因一胎能产很多仔猪而闻名，一胎生约 20 头仔猪都很常见。

格洛斯特郡花猪

产地： 英国

颜色： 浅色，有明显的黑色斑点

外形： 垂在脸上的长耳朵，微微翘起的鼻子

体重： 公猪约 270 千克，母猪约 230 千克

显著特征： 格洛斯特郡花猪可能是世界上最古老的斑点猪品种。它们也被称为"果园猪"，以其沉稳的性情和独自觅食的能力而闻名。它们生活在英格兰西部的苹果果园，以被风吹落的苹果为食。

有趣的事： 这是第一个被欧盟委员会授予"传统特色产品"这一特殊身份的猪！实至名归！

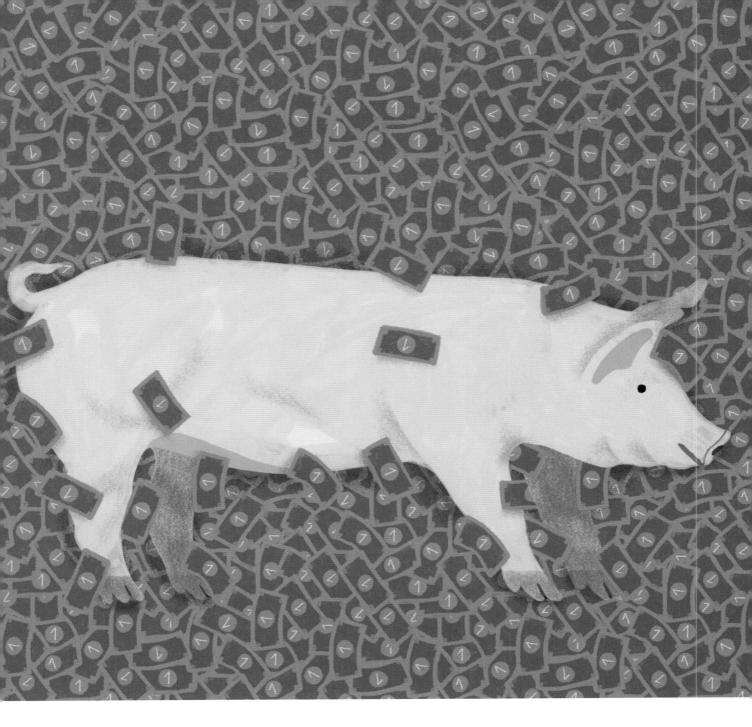

大白猪（大约克夏猪）

产地： 英国

颜色： 粉白色

外形： 体形大，强壮，敏捷，鼻子长，耳朵竖起

体重： 公猪 300 ~ 500 千克，母猪 200 ~ 350 千克

显著特征： 大白猪和丹麦长白猪一样，都是世界上重要的猪品种。这两种猪都被出口到世界各地，迄今仍然在很多国际育种项目中扮演着重要角色。世界上最贵的猪的纪录由一头雄性大白猪创造，它于 2014 年在美国以 27 万美元的高价售出！

有趣的事： 据说，大白猪可能是 19 世纪 50 年代西约克郡的纺织工约瑟夫·图利在自家后院培育出来的。这个品种非常成功，他因此发了财。

伊比利亚黑猪

产地： 伊比利亚半岛

颜色： 红色、深灰色或者黑色

外形： 瘦，肌肉发达，骨架小，毛发稀少

体重： 母猪和公猪重 160 ～ 190 千克

显著特征： 伊比利亚黑猪在伊比利亚半岛的橡树林中觅食，它们以草、药草、根茎，尤其是橡果为食物。橡果对马和牛来说是有毒的，而到了伊比利亚黑猪的嘴里就成了美味的食物。橡果中的油酸赋予伊比利亚火腿独特的风味，这也是世界上最昂贵的火腿！

有趣的事： 伊比利亚黑猪的另一个名字是"长着腿的橄榄树"。如果没有这种积极的热爱运动的生活方式，伊比利亚黑猪也许会是一种胖胖的小猪。

缪尔福特猪

产地： 美国

颜色： 全身黑色，鬃毛短而亮

外形： 中等体形，鼻子朝下

体重： 公猪约 250 千克，母猪约 200 千克

显著特征： 缪尔福特猪是世界上为数不多的并趾（每只脚的第二趾和第三趾合并为一趾）品种。这个品种的猪适应力强，容易饲养，在美国中西部曾经很受欢迎，现在却成了北美最稀有的品种。纯种缪尔福特猪目前可能仅剩约 200 头。

有趣的事： 据说，缪尔福特猪的祖先是 16 世纪由西班牙探险者首次带到美国墨西哥湾沿岸的猪。乔克托人（北美印第安人的一个部落）饲养的乔克托猪和缪尔福特猪有着相同的祖先，它们都是并趾。

致谢

黛西：感谢"波哥团队（Team Porco）"——卡米拉、黛比、伊拉莉亚。此书献给我养猪的叔叔杰克。献给马克，他现在对猪的了解已经远远超出他的想象。

卡米拉：此书献给斯特凡诺，他最喜欢猪了。献给所有包容我的疯狂、待我如初的朋友。献给索尼娅·蒂诺，她农场里的动物越来越令她感到震惊。献给"波哥团队"！